揭秘天气

画给孩子的 气象密码

小麒麟童书馆 编著

JM 吉林美术出版社 | 全国百佳图书出版单位

目录

什么是天气？……4

天气变化是怎么产生的？……6

云……8

雨……10

彩虹……12

雷电……14

冰雹……16

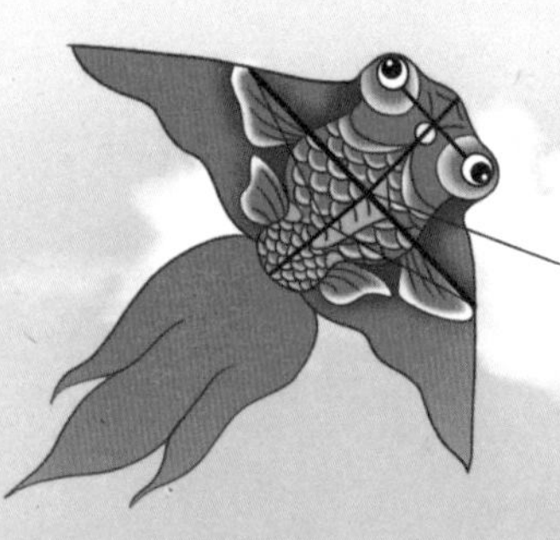

风 …………………… 18
台风 ………………… 20
龙卷风 ……………… 22
沙尘暴 ……………… 24
雾 …………………… 26
霾 …………………… 28
霜冻 ………………… 30
雪 …………………… 32
暴风雪 ……………… 34
太阳影响四季 ……… 36
气候 ………………… 38
气候变迁 …………… 40
极地天气 …………… 44
小小气象员 ………… 46

什么是天气？

天气指的是在一定区域一定时间内大气中发生的各种气象变化，如温度、湿度、降水等的情况。

天气无时无刻不在发生着变化，有时烈日当空，有时大雨滂沱；有时晴空万里，有时阴云密布……

✸ 什么是天气现象？

天气现象是指大气中出现的各种各样的自然现象，比如雨、雪、雾、闪电、雷、风等。

✸ 认识常见的天气符号

小知识

在中国古代神话传说中，天气的变化由神仙掌管。如雷公是掌管打雷的神仙，而他的妻子电母则是掌管闪电的神仙。

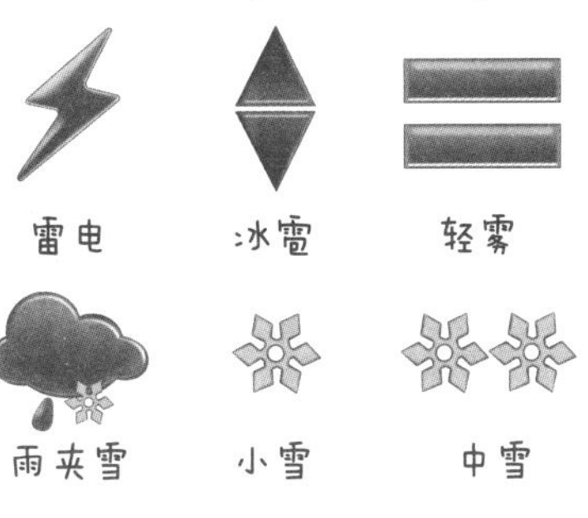

天气变化是怎么产生的？

天气变化主要受空气、太阳和水的影响。我们的地球上充满了空气，空气包裹着地球形成了大气层。大气层包括对流层、平流层和高层大气，而天气的变化是在对流层发生的。对流层中的空气、尘粒、水汽不停地运动，天气就会不断地变化。

高层大气

高层大气空气稀薄，有电离层，温度随高度增加先降低后升高。

平流层

平流层大气平稳，以平流运动为主，能见度好，很适合飞机航行。平流层中臭氧浓度最高的是臭氧层，能吸收掉太阳辐射中大量的紫外线，有效保护地球生物。

对流层

对流层位于大气的最下层，层内气温随高度的增加而下降，经常有对流现象发生，雨、雪、雹等天气现象发生在这一层。

水循环

太阳光照射到地面上，使地表的水受热蒸发变成水蒸气。水蒸气不断上升，在高空凝结成小水滴，聚集成云。云中的小水滴越聚越多，当小水滴的体积增大到不能悬浮在空气中时，就会下落成为雨水，回归地表。

✹ 气压

气压指与大气接触的面上所受到的气体分子施加的压强。

气压跟天气有密切的关系，高气压区一般是晴朗的天气，低气压区一般是多风、多雨的天气。

✹ 大气保温气体

大气保温气体俗称“温室气体”，主要包含汽车尾气、火力发电排放的二氧化碳等。大气保温气体的加速排放会导致全球气候变暖，暴雨、台风增多等现象的发生。

云

太阳光照射到地面上，地面上的水吸收热量后变成水蒸气上升到高空。水蒸气在上升过程中遇冷会凝结成小水滴或凝华成小冰晶，它们聚集在一起就形成了飘浮在空中的云。

云的作用

云吸收地面散发出的热量，并将一部分热量反射回地面，帮助地球保温。
云可以把太阳光反射回太空，帮助地球降温，让地球温度不会太高。
云随风飘到陆地上空，形成降水后能补充植物需要的水分。

小知识

鱼鳞天，不雨也风颠："鱼鳞天"指卷积云，天空中出现这种云代表着天气将转坏，即使不下雨也会刮风。

天上灰布悬，雨丝定连绵："灰布"指雨层云，这种云范围大且云层较厚，云中水汽充足，因此下起雨来会连绵不断。

✹ 常见的云

卷云：白色，带有柔丝光泽，个体分散，有羽毛、马尾等形状。

层积云：灰色或灰白色，结构松散。

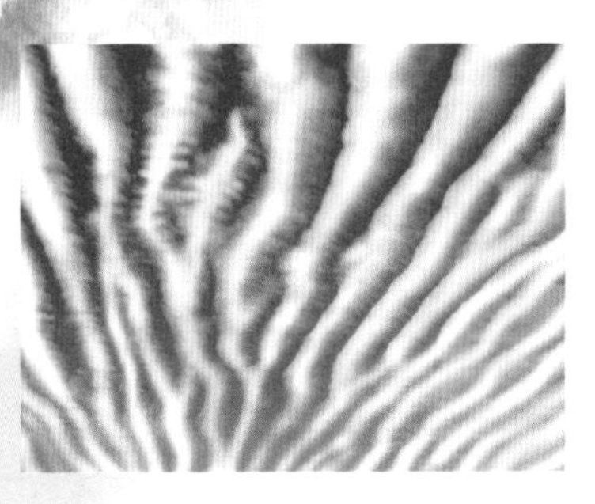

卷积云：由鱼鳞状或球状的小云块组成的云片或云层。

高层云：为带纤缕条纹或整体均匀的云幕，有时为灰白色，有时微带蓝色。

卷层云：白色透明的云幕，透过卷层云能看见太阳或月亮的轮廓，且常有晕出现。

积雨云：为浓厚、庞大的云体，深灰色，出现时常伴有雷电、阵雨和阵风。

太阳光照射到陆地和海洋表面，陆地上和海洋中的水分蒸发变成水蒸气后逐渐上升，到达一定高度时遇冷变成小水滴悬浮在空中，它们聚集在一起形成云。当云中的小水滴越聚越多，空气托不住时，它们就会落下形成雨滴。

雨的家庭成员

①毛毛雨：水滴极细小，下降时随气流在空中飘动，不能形成雨丝。

②小雨：雨滴清晰可见，雨声缓和，屋檐有滴水。

③阵雨：下雨时间较短，雨的强度变化大。

④暴雨：降水强度很大的雨，常在很短的时间内造成洼地积水、河水猛涨

降雨类型

对流雨

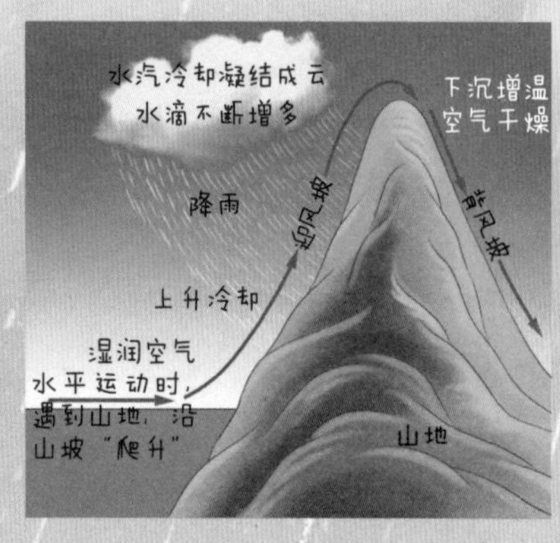

地形雨

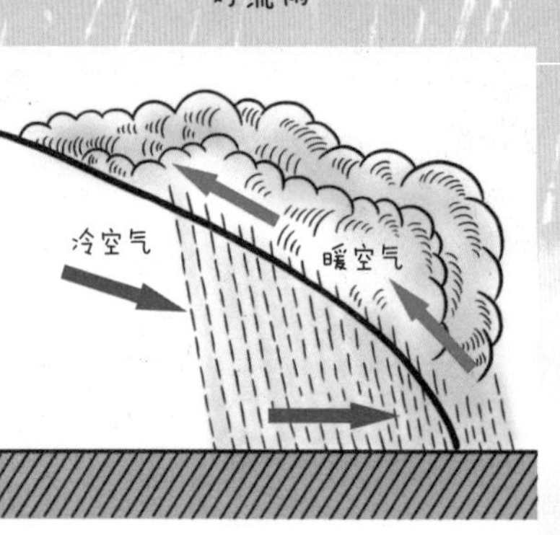

锋面雨

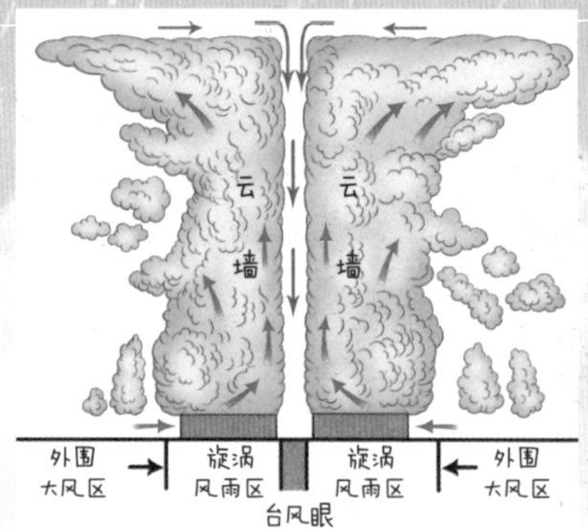

台风雨

雨的益处

①雨能浇灌农作物。
②雨能减少空气中的灰尘，并降低气温。
③下雨有利于水库蓄水，方便发电和航运。
④雨能补充地下水和河流水量。

雨的危害

①酸雨会腐蚀建筑物。
②梅雨时节，粮食容易霉烂。
③过量的雨水会引起水土流失。
④暴雨会引发山体滑坡。

小故事

关羽率军攻打樊城，曹操的部将于禁奉命带兵救援。当时正值八月雨季，雨不停地下，导致汉水暴涨，将驻守在樊城北面的于禁军队淹没。关羽趁机进攻，取得了这场战役的胜利。

彩虹

彩虹是大气中一种光的现象，尤其在雨后常见。太阳光有不同的色彩，当太阳光照射在空气中的小水珠上时，光线被反射和折射后，形成的弧形彩带就是彩虹。彩虹由外圈至内圈呈红、橙、黄、绿、蓝、靛、紫七种颜色。

双彩虹

双彩虹由两条彩虹构成，清晰可见的一条是主虹，在主虹外侧更大的一圈是副虹。由于副虹的光线强度低，很多时候无法被肉眼看到，所以双彩虹十分罕见。

✸ 月亮彩虹

月亮彩虹只有在满月或临近满月之夜，且月亮低垂的时候才可能会出现。

✸ 雾虹

雾虹是一种类似于彩虹的天气现象，是太阳光经由水分子反射和折射后形成的。雾虹显示为白色，因此也被人们称为“白色的彩虹”。

由于雾虹中的水滴非常小，以至于光的衍射效应掩盖了颜色，所以人们只能看到白色。而彩虹中的水滴相对较大，就像反射太阳光的小棱镜，因此会产生七种颜色。

雷电是雷和闪电的合称，它是大气中的一种放电现象。积雨云带有大量的电荷，当带有不同电荷的云相互接近时，会产生一种大规模的放电现象，会发出很强的光，这就是闪电。放电过程中，由于闪道中的温度骤增，使水滴汽化，空气体积急剧膨胀，从而产生冲击波，发出强烈的爆炸声，这就是雷声。

为什么先看到闪电，后听到雷声呢？

因为光速比声速快。光的传播速度约为每秒3亿米，而声音的传播速度每秒只有300多米。所以我们会先看到闪电，后听到雷声。

冬季会打雷吗？

冬季寒冷干燥，太阳辐射弱，空气不易形成对流，因此很少出现打雷的情况。但有时冬季天气有些暖，湿度较大，还有强冷空气影响时，就会产生强烈的对流，就会出现冬季打雷的现象。

小知识

防雷电安全贴士

大树底下不避雨，电线杆下不能去。
路边积水不要踩，河边、湖边很危险。
莫打电话不洗澡，室外活动要避免。
进入房间关门窗，危险电源要切断。

雷电的益处

雷电能制造负氧离子，负氧离子具有消毒杀菌、净化空气的作用。雷雨过后，空气中的负氧离子增多，空气变得格外清新，人们会感到心情舒畅、心旷神怡。

雷电能制造出天然氮肥。在闪电的作用下，空气中的某些分子会发生电离，等它们重新结合时，其中的氮和氧会化合成亚硝酸盐和硝酸盐，它们溶解在雨水中降落到地面，成为天然的氮肥，能促进植物生长。

雷电的危害

雷电产生的强烈冲击波能击毁房屋，导致人员伤亡。

雷电产生的高温能引发森林火灾，使动物们无家可归。

冰雹

冰雹是一种固态降水物，俗称雹子。小一点儿的冰雹如绿豆、黄豆般大小，大一点儿的跟栗子、鸡蛋差不多，特大的冰雹比柚子还大。

冰雹的特点

局地性强。每次冰雹的影响范围一般宽约几十米到数千米，长约数百米到十几千米。

历时短。一次降雹时间一般只有2—10分钟，少数在30分钟以上。

地形影响显著。地形越复杂，冰雹越容易发生。

✹ 下冰雹时怎么保护自己？

不要随意外出，尽量留在室内。

关好门窗，将容易受冰雹影响的室外物品安置好。

如果在户外，不要在高楼屋檐、烟囱、电线杆或大树底下躲避冰雹。

✹ 冰雹的危害

冰雹对农作物的危害很大，严重时会造成农作物绝收。冰雹对交通运输、房屋建筑、工业、通信、电力以及人畜安全等方面也都有不同程度的危害。

风是跟地面大致平行的空气流动的现象，是由于气压分布不均匀而产生的。

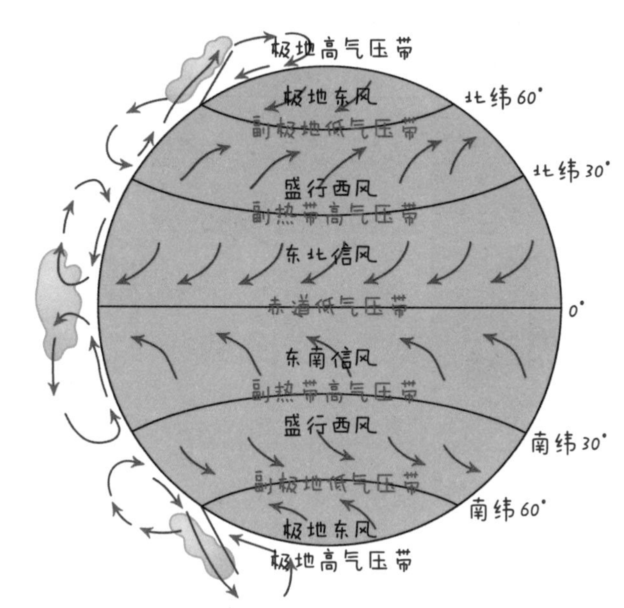

✷ 风带

地球上的主要风带有6个，分别是2个极地东风带、2个西风带、2个信风带。

✷ 风向

风向指的是风的来向，如从东方吹来的风就是东风，从西南方向吹来的风就是西南风。

风向有8个基本方向，分别是东、南、西、北以及东南、西南、东北、西北。

风的作用

风能发电。

风能吹动帆船前行。

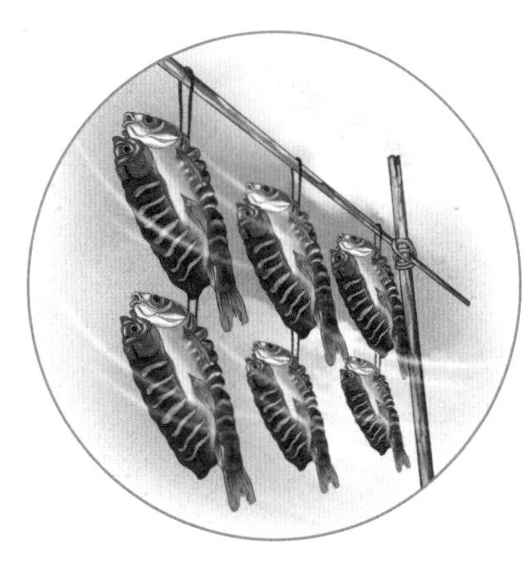

风能吹干食物中的水分。

风能为某些植物传播花粉和种子。

小知识

风筝

相传，风筝为汉初韩信所作，初名“纸鸢”。五代时，人们在纸鸢上系上竹哨，当风吹入竹哨，发出的声音如筝鸣一般，故名“风筝”。

当风筝与风向形成适当角度时，风会在风筝上形成一个向上的推力，风筝就会飞起来了。

风的危害

大风会剥蚀土壤，加速土壤沙化。

大风能传播病原体，造成植物病虫害蔓延。

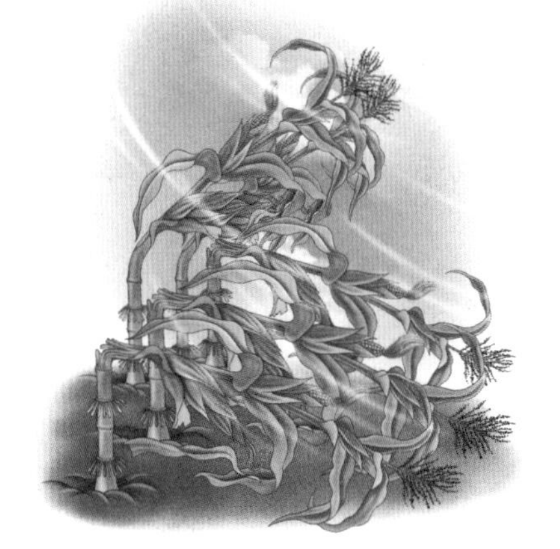

大风会把农作物吹倒。

台风是一个近似圆形的强的热带气旋，从里向外大约可分为台风眼区、近中心附近的强风区和暴雨区、外围的大风区和降水区。

台风形成的基本条件

①要有足够广阔的热带洋面，这个洋面不仅要求海水的表面温度要高于26.5℃，而且在60米深的一层海水里，水温都要超过这个数值。

②在台风形成之前，要有一个弱的热带涡旋存在。

③要有足够大的地转偏向力。因赤道的地转偏向力为零，并向两极逐渐增大，所以台风发生的地点大约离赤道5个纬度以上。

④在弱低压上方，高低空之间的风向、风速差别要小。

台风的危害

台风具有很强的破坏力，会引发强降雨、洪水、泥石流和滑坡等灾害。狂风能掀翻船只、折断树木、摧毁房屋及其他设备，台风带起的巨浪能冲破海堤，暴雨能引发洪水。

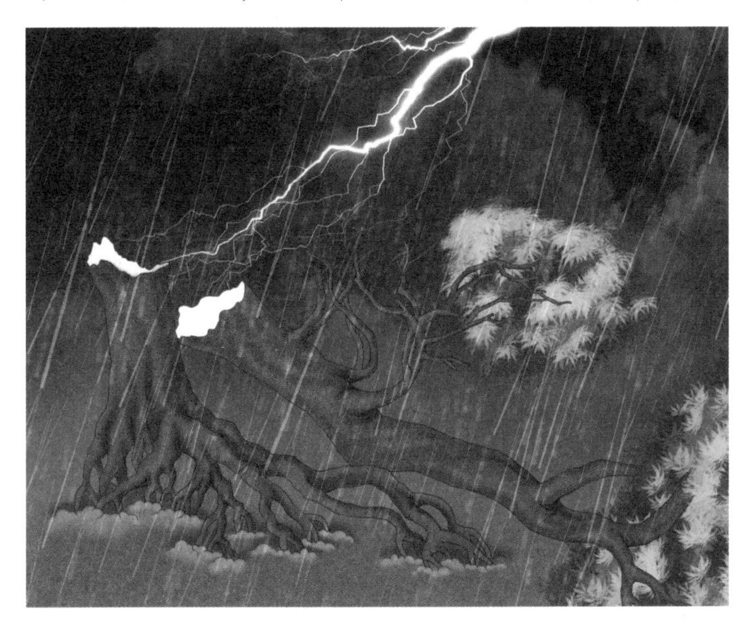

什么是台风眼？

台风眼是台风发展成熟的重要标志，在台风眼内既没有狂风也没有暴雨。台风眼经过的地区会突然变得风平浪静，暴雨突然停止，这种情况可能会持续20分钟到1小时左右。台风眼内越风平浪静，表明台风的威力越强大。

龙卷风

龙卷风是在空气剧烈对流运动下，突然出现的一种强烈的、小范围的空气涡旋，一般会持续十几分钟至几个小时。它的破坏力很大，能折断树木、摧毁房屋，留下满地狼藉。

龙卷风的危害

龙卷风能造成庄稼、树木瞬间被毁，交通、通讯中断，房屋倒塌，人畜伤亡等重大损失。

✹ 遇到龙卷风怎么办？

在室内时，躲到没有门、窗的小房间内抱头蹲下。地下室是躲避龙卷风的最好选择。

如果电线杆和房屋被龙卷风吹倒，要及时切断电源，防止被电击或者发生火灾。

在野外时，要远离大树、电线杆，并就近趴在低洼地带。

✹ 什么是“龙吸水”？

“龙吸水”是出现在水面上的龙卷风，它的上端与雷雨云相连，下端与水面相接，水以涡流的形式绕着轴心从水面上旋转上升到天空中。“龙吸水”与陆上出现的龙卷风形成原理基本相同，发生在水上的就是“龙吸水”，发生在陆地上的就是龙卷风。

沙尘暴

沙尘暴也称沙暴、尘暴，是强风把地面上大量沙尘物质吹起卷入空中，使空气变混浊，水平能见度小于1千米的严重风沙天气现象。

遇到沙尘暴怎么办？

①待在室内，关闭门窗，必要时密封门窗，以防风沙进入室内。

②外出时，戴好口罩、面罩、眼镜等物品。远离树木和广告牌，注意交通安全。

③妥善安置室外物品，防止被沙尘暴损坏。

✹ 沙尘暴的危害

挟带沙尘的强风能摧毁建筑物，造成人畜伤亡。

大气中的可吸入颗粒物增加，大气污染加剧，威胁人类的健康。

吹起的沙尘会造成水平能见度降低，严重影响交通安全。

雾

雾是一种常见的天气现象，是由气温下降时，接近地面的空气中大量悬浮着微小水滴或冰晶所形成的。

雾的影响

雾天，人们的视线受阻，容易发生交通事故。

雾天，空气中的污染物和水汽结合，容易被人吸进肺里，影响身体健康。

雾的常见类型

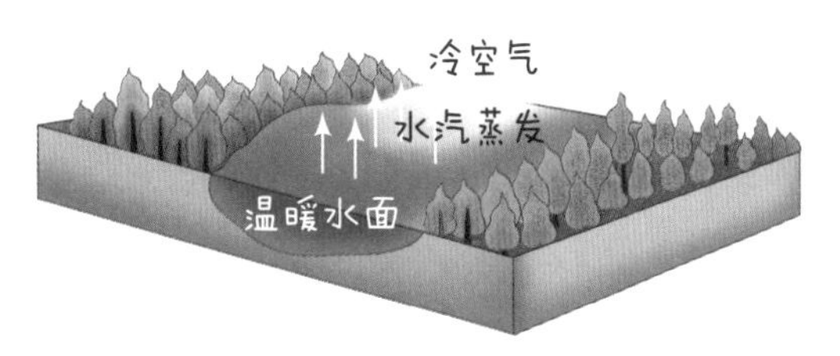

蒸发雾：冷空气经过温暖的水面时，水面蒸发的水汽在冷空气中发生凝结而形成的雾。

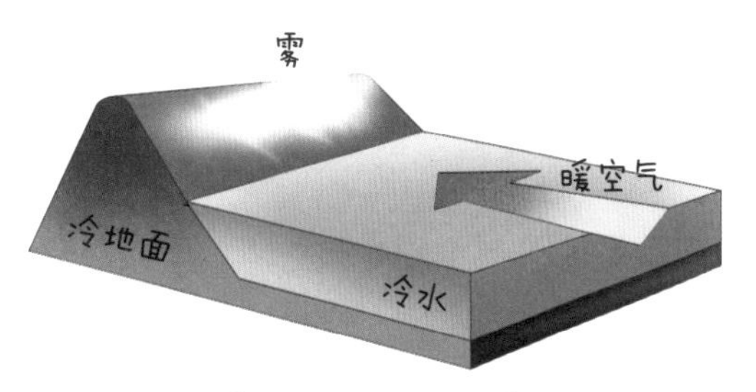

平流雾：暖而湿的空气水平运动，经过寒冷的地面或水面时，下部渐渐冷却而形成的雾。

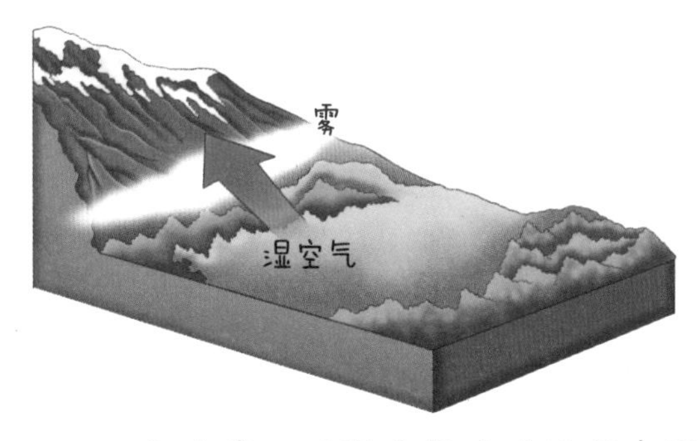

上坡雾：湿润空气流动过程中沿着山坡上升时，因绝热膨胀冷却而形成的雾。

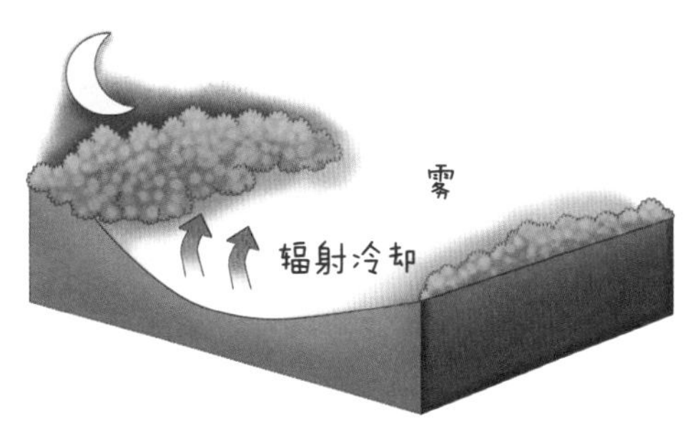

辐射雾：夜晚，地面的热气辐射到天空中，地面冷却后附近的空气中的水汽冷凝而形成的雾。这种类型的雾多出现在晴朗、微风或无风，近地面水汽多而稳定的夜间和清晨。

小故事

草船借箭

三国时期，周瑜让诸葛亮三天内造好十万支箭。诸葛亮请鲁肃帮他借来船和草把子。第三天凌晨，江面上大雾弥漫，诸葛亮让士兵在船上绑满稻草人，并驾船冲向曹操军营。曹操以为有敌情，立即派弓箭手朝江中放箭。天亮雾散时，曹操才发觉上了当，这时船上插的箭已经超过了十万支。

大雾的预警

黄色预警：12小时内可能出现能见度小于500米的雾，或者已经出现能见度小于500米、大于等于200米的雾并将持续。

橙色预警：6小时内可能出现能见度小于200米的雾，或者已经出现能见度小于200米、大于等于50米的雾并将持续。

红色预警：2小时内可能出现能见度小于50米的雾，或者已经出现能见度小于50米的雾并将持续。

霾

霾是空气中因悬浮着大量的烟、尘等微粒而形成的混浊现象，能见度小于10千米。

霾是怎么形成的？

霾的形成与污染物的排放密切相关。城市中机动车尾气以及其他烟尘排放源排出的微小颗粒物停留在大气中，当遇到不利于扩散的天气，如静风、逆温等时，就形成了霾。

怎么分辨雾和霾？

①雾通常是乳白色、青白色；霾通常是黄色、橙灰色。

②雾的水平能见度小于1千米；霾的水平能见度小于10千米，且是由灰尘颗粒造成的。

③雾的水分含量高于90%，霾的水分含量低于80%。

④雾的边界很清晰，过了“雾区”可能就晴空万里；但霾与周围的环境之间没有明显的边界。

霾的危害

霾天气的能见度低，容易造成交通拥堵和交通事故。

霾中的微小颗粒能引起急性呼吸道感染、急性气管炎等多种疾病。

霾天怎么防护？

①居家时关闭门窗，可以使用空气净化器。

②外出时要佩戴口罩，尽可能选择公共交通。

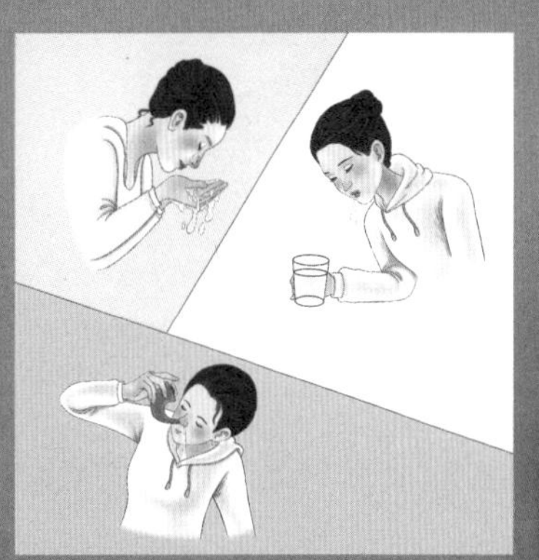

③外出回家后及时洗脸、漱口、清洁鼻腔。

④多吃水果和蔬菜，补充维生素，润肺除燥。

霜冻

霜冻是土壤表面植株附近的气温迅速下降到0℃或0℃以下而使植物受到冻害的天气现象。

✹ 霜与霜冻的区别

霜是在气温降到0℃以下时，近地面空气中的水汽在地面植物或其他物体上凝结成的白色冰晶。而霜冻是指短时间内气温突然下降，当气温下降到低于农作物生长需要时，使农作物遭受冻害的现象。也就是说，杀死农作物的真凶是形成霜的低温，而不是霜本身。

✹ 霜冻的类型

白霜是当近地面空气中的水汽含量丰富，气温低于0℃时，水汽直接在地面或地面的物体上凝华为一层白色冰晶的现象。

当近地面空气中的水汽含量很少，空气干燥，常常出现气温降到0℃以下但是没有出现白色冰晶，农作物却被冻伤的现象，这种现象被称为“黑霜”。

✹ 霜冻的危害

早春的霜冻会给春播作物或越冬作物造成严重危害，导致农作物减产。

小故事

传说，朱元璋小时候家里很穷，经常吃不饱饭。有一年霜降时节，朱元璋饿极了，他偶然在一个村子外边发现了结满柿子的柿子树，就赶紧爬上去饱餐了一顿。后来朱元璋做了皇帝，就将这棵柿子树封为“凌霜侯”。

雪是天空中的水蒸气经凝华而来的固态降水物。当气温降到0℃以下时，空气中的水蒸气直接凝华成固体冰晶，小冰晶落到地面仍然是雪花状时，就是下雪了。

形状多样的雪花

雪花整体上虽然都是六角星形的，但在细微形态上却有所差别，主要有柱状雪花、极状雪花、针状雪花、星状雪花等。

小故事

晋代有个书生名叫孙康，他小时候因为家里穷，没钱买灯油，一到了夜里，就没办法看书了。有一年冬天，他偶然发现书上的字在雪地里可以看清，于是他就在院子里借雪地反光读书。他不畏寒冷，勤奋好学，后来成为了一名大学者。

✸ 雪的益处

积雪覆盖土壤，能为土壤保温，融化后还可以滋润土壤。

雪能吸附空气中的杂质，使空气变得清新。

积雪还能为人们提供多种娱乐活动。

✸ 雪的危害

降雪太多会损害草原、冻坏羊群、压坏冬小麦。

由于积雪过多，长期在高山、雪地等炫目耀眼环境下的工作者，由于阳光中紫外线经雪地表面的强烈反射而对他们的眼部造成损伤，引发雪盲症。

✸ 什么是雪崩？

雪崩是一种所有雪山都会有的地表冰雪迁移过程。当山坡上的积雪太多时，高处的积雪因为抗拒不了它所受重力的拉引，就会滑下来，引起大量的雪体崩塌，形成雪崩。

暴风雪

暴风雪又称雪暴，是发生在冬季的风暴。暴风雪来临时，大量的雪花被强风卷挟吹行，难以判断雪花是从空中降下的，还是被风从地面吹起的，且水平能见度小于1千米。

暴风雪是怎么形成的？

冬季，气温很低，云中的水汽会凝华成冰晶。小冰晶们相互碰撞，就形成了雪花。之后雪花会继续相撞，越来越大，当云托不住这些雪花时，雪花就会降落。当风速达到56km/h，温度在−5℃以下，并有非常多雪花的时候，就形成了暴风雪。

✹ 暴风雪的危害

强风刮起的大雪让室外能见度降低，会造成出行困难、交通中断。

积雪会压断电线，使通讯和输电线路中断，还会压毁树木和房屋。

低温会使人、畜、农作物等遭受冻害。

✹ 遇到暴风雪怎么办？

如果待在室内，要关紧门窗，尽量不要外出。

如果待在室外，要远离广告牌，避免被砸伤。

太阳影响四季

地球在自转的同时还绕着太阳公转，因为地轴是倾斜的，所以不同的地区获得的太阳光热也不同，因此产生了四季的变化。

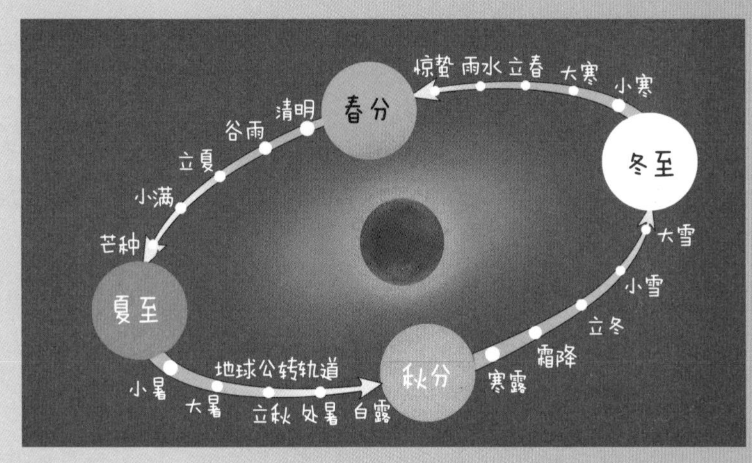

二十四节气与地球在公转轨道上的位置关系示意图（北半球）

四季的划分

中国传统二十四节气中以立春（2月3、4或5日）、立夏（5月5、6或7日）、立秋（8月7、8或9日）、立冬（11月7日或8日）作为四季的开端。

太阳对空气的影响

在水平方向上温度、湿度等比较均匀的空气团称为气团。因地球上的不同地区获得的太阳光热不同，所以空气的运动就不一样。按热力性质气团可分为冷气团和暖气团，冷、暖气团有时会交汇，形成降水。

海洋吸收的热量多，但是升温慢，向空气传导热量的速度也慢。

深色地表比如森林，可以快速吸热，夜晚放热也快。

冷锋与暖锋

冷气团和暖气团是受热不均形成的，它们都在大气中运动，有时候碰到一起，暖气团在上，冷气团在下，就形成了锋面。

冷锋图示

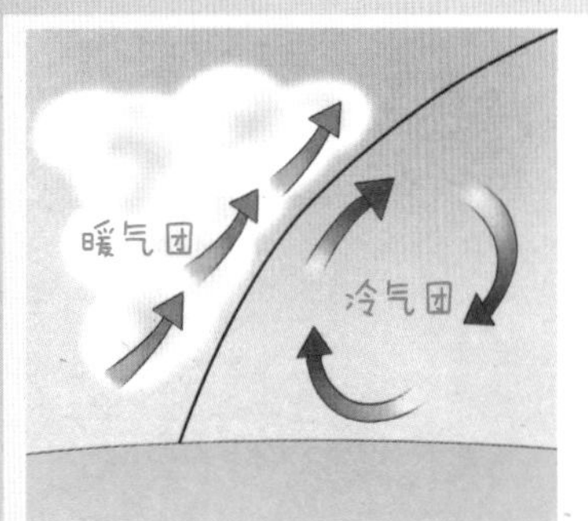

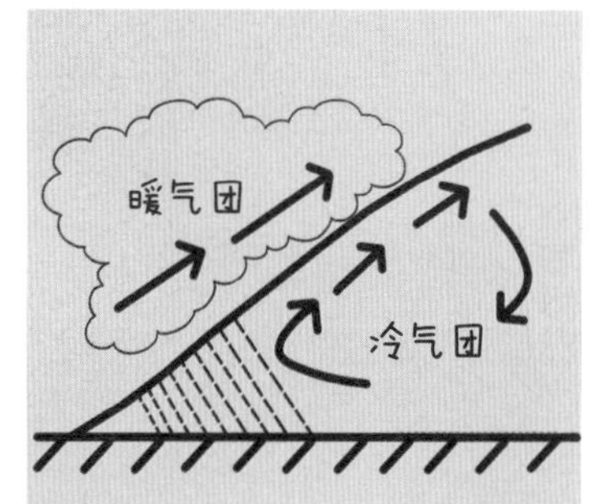

暖锋图示

冷锋：冷气团推动暖气团，使锋面向暖气团的方向移动。冷锋过境时常伴有雨雪、大风天气；冷锋过境后气压上升，气温和湿度下降，天气晴朗。

暖锋：暖气团推动冷气团，使锋面向冷气团的方向移动。暖锋过境前，天气为低温晴朗；暖锋过境后，气温上升，气压下降，天气转朗。

小知识

春分和秋分时，地球上所有的地方昼夜等长。春分过后，北半球的白天一点点变长，夏至时最长。

冬至是北半球一年中白天最短的一天。这一天，太阳直射南回归线，在此之后，白天就越来越长。在中国北方有冬至吃饺子的习俗哟。

气候和天气不一样，气候是一个地区长时间相对稳定的天气状态。

地球基本气候带

热带气候：全年气温较高，四季不分明，一年常分干、雨两季。这里常常会看到狮子的身影。

亚热带气候：季节分配较均匀，夏季炎热漫长，冬季温凉短暂。

温带气候：冬冷夏热，四季分明，适合动植物生长，如牛和羊，小麦和玉米。

亚寒带气候：冬季长而冷，夏季短而凉，这里的温度不利于果树生长。

寒带气候：主要分布在极圈以内，大部分地区气温很低，地面被冰雪覆盖。

热带雨林气候

热带雨林气候主要分布在赤道附近，这里全年高温多雨，植物终年常绿，典型的自然景观为热带雨林。

热带季风气候

热带季风气候区干、雨季分明，干季时风从大陆吹向海洋，这时动物们都在寻找水源。雨季时风从海洋吹向陆地，带来湿润水汽，这时动物们有充足的食物和水。

✹ 热带沙漠气候

热带沙漠气候区常年干旱，昼夜温差大，风沙多，到处都是沙石、沙丘。这里生长着仙人掌、红柳等耐旱植物，还有人们喜爱的骆驼。

✹ 冰原气候

冰原气候分布在南极大陆和北冰洋的一些岛屿上。这里终年严寒，地面覆盖着很厚的冰雪，植物难以生长，并有极昼、极夜现象出现。

✹ 温带季风气候

温带季风气候主要分布在亚欧大陆温带地区的东部。这里四季分明，夏季高温多雨，冬季寒冷干燥，生长着落叶阔叶林，作物以冬小麦、玉米、花生、棉花等为主。

小知识

南极大陆空气非常干燥，极点附近几乎不下雪，气候异常寒冷，大部分动物在这里都不能生存，因此人们称这里是“寒带沙漠”。

气候变迁

地球从形成开始，气候就在不断地变化。

6.5亿年前：地球表面几乎被冰雪覆盖，看起来像一个“雪球”。

1亿年前：这个时期冰层已经完全融化，地球气候炎热潮湿，陆地开始发生变化。

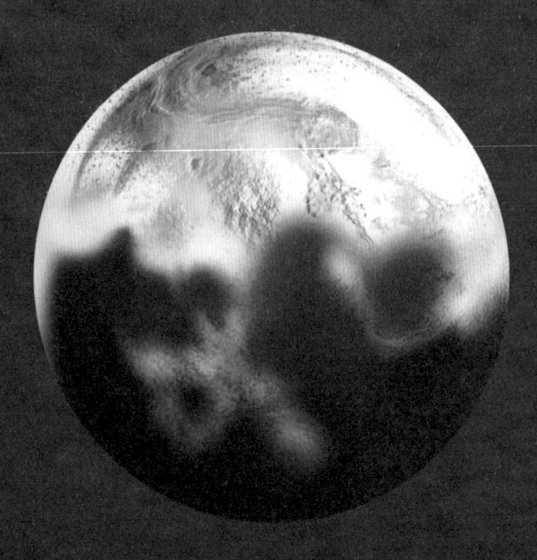

2万年前：猛犸象还存活着。此时地球处于第四纪，全球气候出现明显的冰期和间冰期交替的模式。

现在：仍处于第四纪。

✹ 气候变迁的影响

气候变迁会导致极端天气现象增多。

①气候变暖，海水蒸发速度加快，风暴多发，会引发大洪水。

②冰川消融，海平面上升，会淹没小岛、海岸居民区。

③气候越来越炎热干燥，会引发大面积山火。

全球变暖

全球变暖是指全球平均气温升高的现象。

全球变暖的影响

全球变暖会危害自然生态系统的平衡，导致全球降水量重新分配、冰川融化、海平面上升等，更威胁人类的食物供应和居住环境。

怎么减缓全球变暖？

①低碳出行，节能减排。

②植树造林，提高植被覆盖率。

③采用新能源，减少二氧化碳的排放量。

✹ 厄尔尼诺现象

厄尔尼诺现象是位于近赤道东太平洋秘鲁沿岸洋流冷水域的水温异常升高的现象。

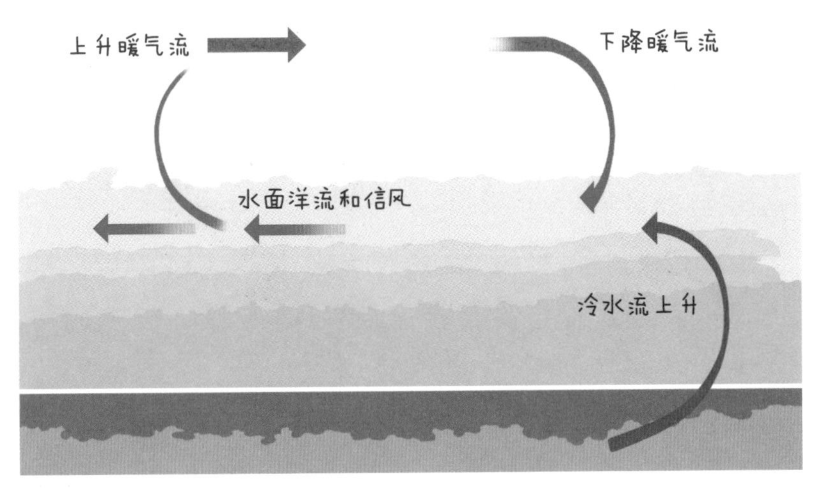

没有厄尔尼诺现象的年份

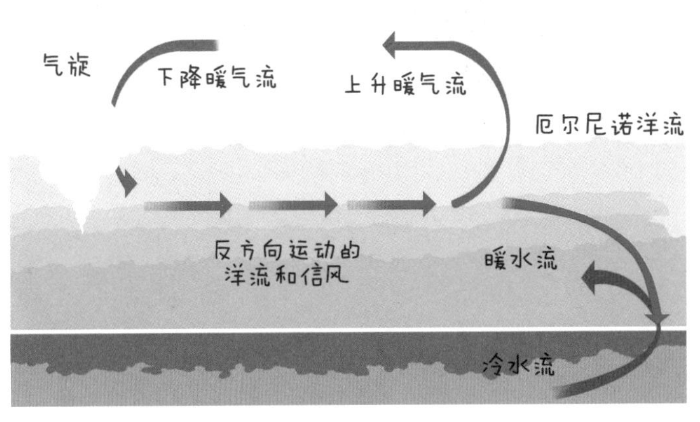

发生厄尔尼诺现象的年份

✹ 厄尔尼诺现象的影响

①导致一些地区干旱。

②导致一些地区出现暴雨连降、洪水泛滥等自然灾害。

③抑制西太平洋热带风暴形成，但使得东北太平洋台风数量增加。

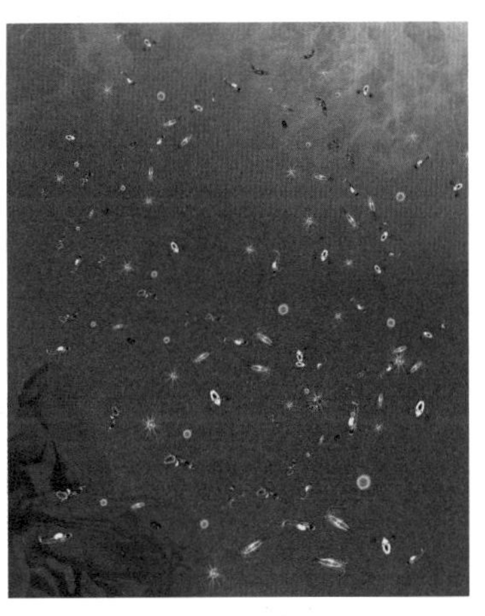

④导致冷水中的大量浮游生物不能升达海水表层，使鱼类因缺乏食物而死亡。

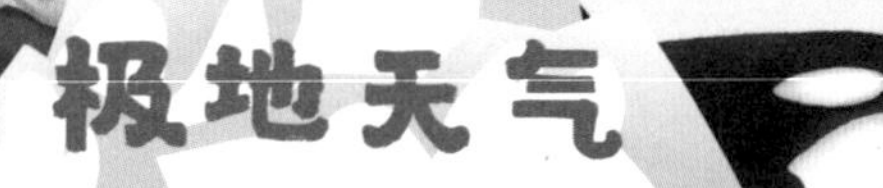

地球上最冷的地方在高山之巅和极地区域。

虎鲸

✷ 南极大陆

南极大陆上约95%的地区都是冰雪，这里气候异常寒冷，还是地球上风力最大的地区，因此只有非常耐寒动物在此居住。

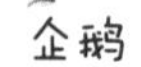

✷ 南极气象考察

南极常年被积雪覆盖，为了不让雪掩埋考察站，科学家会把房子架高。科学家常常会用冰钻采集地下冰块，冰层越深年代越久。

✸ 北极

北极泛指北极圈以北的广大地区。北极地区常年寒冷，是世界上人口最稀少的地区之一，北极狼和北极熊等动物在这里生活。

✸ 什么是极光？

太阳穿过地球高空的大气层，带电粒子被激发，产生电磁风暴和可见光，这就是极光。极光在南、北两极常见。

✸ 臭氧空洞是什么？

在地球的大气层中，有一层臭氧层，能吸收太阳的紫外线辐射，保护地球上的动植物不被伤害。最近几十年来，氟氯烃类物质排放过多，使一些地区的臭氧层变得稀薄，相对于其他地区就好像是破了一个洞，科学家将它称为“臭氧空洞”。臭氧空洞最早是科学家在南极上空发现的。

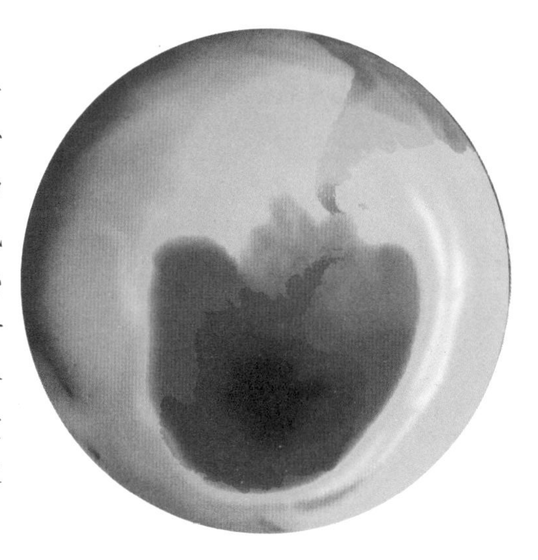

小小气象员

朝霞满天，预示天气将要转阴下雨。

日出一点红，不是下雨就是刮风。

晚霞满天，预示明天是个好天气。

天空出现月晕，预示将要刮风。

蚂蚁搬家蛇过道，大雨不久就来到。

鱼儿出水跳，风雨要来到。

青蛙叫，大雨到。

下雨前，牛会卧倒在地。

图书在版编目(CIP)数据

揭秘天气 ： 画给孩子的气象密码 / 小麒麟童书馆编著. — 长春 ： 吉林美术出版社， 2021.7

ISBN 978-7-5575-6438-4

Ⅰ. ①揭… Ⅱ. ①小… Ⅲ. ①天气--儿童读物 Ⅳ. ① P44-49

中国版本图书馆 CIP 数据核字 (2021) 第 078228 号

JIEMI TIANQI HUA GEI HAIZI DE QIXIANG MIMA

揭秘天气　画给孩子的气象密码

作　　者　小麒麟童书馆 编著

出 版 人　赵国强

责任编辑　邱婷婷

封面设计　榕　晨

开　　本　787mm×1092mm　1/12

字　　数　50 千字

印　　张　4

版　　次　2021 年 7 月第 1 版

印　　次　2021 年 7 月第 1 次印刷

出版发行　吉林美术出版社

地　　址　长春市人民大街 4646 号

邮政编码　130021

网　　址　www.jlmspress.com

印　　刷　天津联城印刷有限公司

ISBN 978-7-5575-6438-4　　　定价: 69.00 元